Konstruktionshilfen und Erläuterungen zu AD 2000 Merkblätter der Reihe B

TEIL 1

AD-B0 Berechnung von Druckbehältern

AD-B1 Zylinder- und Kugelschalen unter innerem Überdruck

Christian Leprich

Bibliografische Information der Deutschen Nationalbibliothek:

Die Deutsche Nationalbibliothek verzeichnet diese Publikation in der Deutschen Nationalbibliografie; detaillierte bibliografische Daten sind im Internet über http://dnb.d-nb.de abrufbar.

ISBN: 9783961169535
Dieses Buch ist auch als E-Book erhältlich.

Vorwort :

Von : www.tuvsud.com/de-de/indust-re/druckgeraete-info/regelwerke-weltweit/anwendbare
-regelwerke-und-standards/ad-2000

Konstruktion und Dimensionierung von Druckbehältern werden in verschiedenen Regelwerken beschrieben. Die Druckgeräterichtlinie lässt die Wahl des anzuwendenden Regelwerkes offen, in Deutschland kommt jedoch meist das AD 2000-Regelwerk zum Einsatz.

Das Regelwerk AD-2000 konkretisiert alle grundlegenden Sicherheitsanforderungen, die es gemäß Druckgeräterichtlinie zu beachten gilt. Die Konformitätsanforderungen der Druckgeräterichtlinie werden von AD-2000 erfüllt. Aufgrund seiner klaren, verständlichen und anwenderfreundlichen Form ist dieses deutsche Regelwerk in der Industrie sehr beliebt, gerade im Hinblick auf andere Regelwerke und die EN 13445 (Druckgeräte) und EN 13480 (Rohrleitungen), die die Beschaffenheit von Druckgeräten regeln.

Die Wurzeln von AD-2000 liegen im Regelwerk der Arbeitsgemeinschaft Druckgeräte (AD-Regelwerk). Dieses wurde umfangreich überarbeitet, das Ergebnis war AD-2000. Als Pendant wurde die DIN EN 13445 Norm geschaffen. Auch DIN EN 13445 stellt die Einhaltung der in Anhang 1 der Druckgeräterichtlinie formulierten Sicherheitsanforderungen sicher.

Das Regelwerk ist auch in einer englischen Fassung verfügbar, was AD-2000 auch außerhalb von Deutschland viel Akzeptanz bescherte. Die zweifelsfrei verständlichen und ganz klar formulierten Anforderungen an Auslegung, Beurteilung, Prüfung und Dokumentation zeichnen AD-2000 besonders aus. Für den Anwender ist diese Klarheit ungemein wertvoll.

Wichtig: AD-2000 ist keine Konkurrenz zur Druckgeräterichtlinie. Viel mehr werden die allgemein gehaltenen Anforderungen der DRGL und EN-Normen spezifiziert und präzisiert. Die hohen Anforderungen von AD-2000 an die Beschaffenheit führen zu im internationalen Vergleich besonders großzügigen Prüffristen bei der wiederkehrenden Prüfung.

Das Regelwerk AD 2000 ist das Produkt einer Zusammenarbeit der Arbeitsgemeinschaft Druckbehälter mit Arbeitskreisen aus Verbänden wie FDBR, DGUV, VCI, VDMA, VDEh, VGB Power Tech und VdTÜV. Es wurde nicht ausschließlich von Technischen Überwachungs Organisationen erarbeitet.

AD 2000 unterliegt einer kontinuierlichen Aktualisierung und enthalten sicherheitstechnische An-

forderungen, die für normale Betriebsbverhätnisse zu stellen sind.

Wird von den Festlegungen der AD-Merkblätter abgewichen, muss nachweisbar sein, dass der

Sicherheitstechnische Maßstab dieses Regelwerks auf andere Weise eingehalten ist, z.B. durch

Werkstoffprüfungen, Versuche, Spannungsanalyse oder Betriebserfahrungen

Was sind die Vorteile des Regelwerks ?

Die Klarheit in den Prüfaussagen in einer übersichtlichen Struktur macht das AD 2000-Regelwerk für Anwender ausgesprochen wertvoll. Die eindeutigen Auslegungs-, Beurteilungs-, Prüf- und Dokumentationsanforderungen sorgen für eine hohe Akzeptanz auch außerhalb Deutschlands. Deshalb gibt es das Regelwerk auch in einer englischen Fassung.
Besonders lang fallen Prüfintervalle aus, wenn Druckgeräte bereits in ihrer „Beschaffenheit" die Spezifikationen des Regelwerks AD 2000 erfüllen. Das sorgt für eine gesteigerte Verfügbarkeit und damit Produktivität von komplexen Industrieanlagen.

Haftungsausschluss

Die Inhalte dieser Ausarbeitung wurden mit größtmöglicher Sorgfalt recherchiert und umgesetzt. Ich bemühe mich, diese Informationen aktuell, inhaltlich richtig sowie vollständig anzubieten.

Dennoch ist das Auftreten etwaiger Fehler nicht auszuschließen. Eine Haftung für die Richtigkeit, Vollständigkeit und Aktualität dieser Ausarbeitung kann daher trotz sorgfältiger Prüfung nicht übernommen werden.

Ich übernehme insbesondere keinerlei Haftung für eventuelle Schäden oder Konsequenzen, die durch die direkte oder indirekte Nutzung der angebotenen Inhalte entstehen.

Inhaltsverzeichnis

0. Berechnung von Druckbehältern B0 [1]

Das AD-Merkblatt B0 enthält gemeinsame Grundregeln der AD 2000-Merkblätter der Reihen B und S. Die übrigen AD 2000-Merkblätter der Reihen B und S können daher nur in Verbindung mit dem AD-Merkblatt B0 benutzt werden.

Sofern in den AD 2000-Merkblättern für die Bemessung drucktragender Teile nichts festgelegt ist, muss im Einzelfall durch Anwendung anderer anerkannter Regeln der Technik oder durch andere Berechnungsverfahren, durch Dehnungsmessungen, durch einschlägige Betriebserfahrungen oder dergleichen belegt werden, dass die Bauteile je nach Werkstoff und Verwendungszweck nicht unzulässig beansprucht werden.

Die AD 2000-Merkblätter enthalten sicherheitstechnische Anforderungen, die für normale Betriebsverhältnisse zu stellen sind. Sind über das normale Maß hinausgehende Beanspruchungen beim Betrieb der Druckbehälter zu erwarten, so ist diesen durch Erfüllung besonderer Anforderungen Rechnung zu tragen.

Wird von den Festlegungen der AD 2000-Merkblätter abgewichen, muss nachweisbar sein, dass der sicherheits- technische Maßstab dieses Regelwerkes auf andere Weise eingehalten ist, z. B. durch Werkstoffprüfungen, Versuche, Spannungsanalyse, Betriebserfahrungen.

Formelzeichen und Einheiten [1]

a	Hebelarm	mm
b	Breite	mm
c_1	Zuschlag zur Berücksichtigung der Wanddickenunterschreitung	mm
c_2	Abnutzungszuschlag	mm
d	Durchmesser eines Ausschnitts, eines Flansches, einer Schraube usw.	mm
d_a	Außendurchmesser eines Rohres, Stutzens, Flansches	mm
d_i	Innendurchmesser eines Rohres, Stutzens, Flansches	mm
d_t	Teilkreisdurchmesser	mm
d_D	mittlerer Dichtungsdurchmesser	mm
e	breite Seite einer rechteckigen oder elliptischen Platte	mm
f	schmale Seite einer rechteckigen oder elliptischen Platte	mm
g	Schweißnahtdicke	mm
h	Höhe	mm
k_0	Dichtungskennwert für die Vorverformung	mm
k_1	Dichtungskennwert für den Betriebszustand	mm
l	Länge	mm
n	Anzahl	–

p	Berechnungsdruck	bar
PS	maximal zulässiger Druck	bar
PT	Prüfdruck	bar
r	Radius allgemein, z. B. Übergangsradius	mm
s	erforderliche Wanddicke einschl. Zuschlägen	mm
s_e	ausgeführte Wanddicke	
v	Faktor zur Berücksichtigung der Ausnutzung der zulässigen Berechnungsspannung in Fügeverbindungen oder Faktor zur Berücksichtigung von Verschwächungen	
x	Abklinglänge	mm
A	Fläche	mm²
C, β	Berechnungsbeiwerte	–
D	Durchmesser des Grundkörpers	mm
D_a	Außendurchmesser, z. B. einer Zylinderschale	mm
D_i	Innendurchmesser, z. B. einer Zylinderschale	mm
E	Elastizitätsmodul bei Berechnungstemperatur	N/mm²
F	Kraft	N
I	Flächenträgheitsmoment	mm⁴
K	Festigkeitskennwert bei Berechnungstemperatur	N/mm²
K_D	Formänderungswiderstand des Dichtungswerkstoffes bei Raumtemperatur	N/mm²
K_{20}	Festigkeitskennwert bei 20 °C	N/mm²
M	Moment	N mm
R	Radius einer Wölbung	mm
S	Sicherheitsbeiwert beim Berechnungsdruck	–
S'	Sicherheitsbeiwert beim Prüfdruck	–
S_D	Sicherheitsbeiwert gegen Undichtheit	–
S_K	Sicherheitsbeiwert gegen elastisches Einbeulen beim Berechnungsdruck	–
S'	Sicherheitsbeiwert gegen elastisches Einbeulen beim Prüfdruck	–
S_L	Lastspielsicherheit	–
W	Widerstandsmoment	mm³
Z	Hilfswert	–
ν	Querkontraktionszahl	–
σ	Spannung	N/mm²
ϑ, T	Temperatur	°C

1. Zylinder- und Kugelschalen unter innerem Überdruck B1 [2]

Zur Erfüllung der grundlegenden Sicherheitsanforderungen der Druckgeräte-Richtlinie kann das AD 2000-Regelwerk angewandt werden, vornehmlich für die Konformitätsbewertung nach den Modulen „G" und „B + F".

Das AD 2000-Regelwerk folgt einem in sich geschlossenen Auslegungskonzept. Die Anwendung anderer technischer Regeln nach dem Stand der Technik zur Lösung von Teilproblemen setzt die Beachtung des Gesamtkonzeptes voraus.

Bei anderen Modulen der Druckgeräte-Richtlinie oder für andere Rechtsgebiete kann das AD 2000-Regelwerk sinngemäß angewandt werden. Die Prüfzuständigkeit richtet sich nach den Vorgaben des jeweiligen Rechtsgebietes

1.1 Geltungsbereich

Die nachstehenden Berechnungsregeln gelten für glatte Zylinder- und Kugelschalen als Druckbehältermäntel sowie für Rohre unter innerem Überdruck, bei denen das Verhältnis

$$D_a \,/\, D_i \leq 1,2 \tag{1}$$

beträgt.

Bei Rohren mit $D_a \leq 200$ mm gelten sie darüberhinausgehend bis zu einem Verhältnis $D_a \,/\, D_i = 1,7$.

Zylinderschalen mit $D_a \,/\, D_i > 1,2$ siehe AD 2000-Merkblatt B 10.

1.2 Allgemeines

Dieses AD 2000-Merkblatt ist nur im Zusammenhang mit AD 2000-Merkblatt B 0 anzuwenden

Bei Wärmeaustauscherrohren[1] ist der Abnutzungszuschlag $c_2 = 0$, falls nicht besondere Vereinbarungen zwischen Hersteller und Besteller/Betreiber getroffen sind.

1.3 Formelzeichen und Einheiten

Siehe AD 2000-Merkblatt B 0

1.4 Verschwächungen durch Ausschnitte

Siehe AD 2000-Merkblatt B 9.

1.5 Berechnung

Die erforderliche Wanddicke s beträgt bei Zylinderschalen

$$s = \frac{D_a \cdot p}{20 \frac{K}{S} \cdot v + p} + c_1 + c_2 \qquad (2)$$

bzw. bei Kugelschalen

$$s = \frac{D_a \cdot p}{40 \frac{K}{S} \cdot v + p} + c_1 + c_2 \qquad (3)$$

1.6 Kleinste Wanddicke

1.6.1 Die kleinste Wanddicke nahtloser, geschweißter oder hartgelöteter Zylinder- und Kugelschalen werden mit 2 mm festgelegt.

1.6.2 Abweichend von Abschnitt 1.6.1 gilt für die kleinste Wanddicke bei Zylinder- und Kugelschalen aus Aluminium und dessen Legierungen 3 mm.

1.6.3 Ausnahmen siehe AD 2000-Merkblatt B 0 Abschnitt 10.

1.6.3 Bei Wärmeaustauscherrohren[1] darf die kleinste Wanddicke gemäß Abschnitt 1.6.1 und 1.6.2 unterschritten werden

[1] Wärmeaustauschrohre sind über die in DIN 28 183 und 28 184 geregelten Fälle hinaus alle Rohre, die der Wärmeübertragung dienen.

1.7 Schrifttum

[1] Class, I., Jamm, W., u. E. Weber: Berechnung der Wanddicke von innendruckbeanspruchten Stahlrohren. VDI-Z 97 (1955) Nr. 6, S. 159/67.

[2] Schwaigerer, S., u. E. Weber: Wanddickenberechnung von Stahlrohren gegen Innendruck; Erläuterungen zu DIN 2413, Ausgabe 1972. TÜ 13 (1972) Nr. 3, S. 74/78.

[3] Zellerer, E., u. H. Thiel: Beitrag zur Berechnung von Druckbehältern mit Ringversteifungen. Die Bautechnik (1967) H. 10, S. 333/39.

[4] Mang, F.: Festigkeitsprobleme bei örtlich gestützten Rohren und Behältern. Rohre – Rohrleitungsbau – Rohrleitungstransport (1970) H. 4, S. 207/13, u. H. 5, S. 267/79; (1971) H. 1, S. 23/30.

2 Erläuterungen zu AD2000 Merkblatt B1 [2]

2.1 Berechnungsdruck p

Die Berechnung ist im Allgemeinen mit dem maximal zulässigen Druck (PS) und dem
Prüfdruck (PT) durchzuführen. Der in den AD 2000-Merkblättern verwendete
Berechnungsdruck p muss $>=$ dem maximal zulässigen Druck (PS) sein. Die durch die Füllung
sowohl während des Betriebes als auch während der Prüfung hervorgerufenen statischen Drücke
brauchen nur berücksichtigt zu werden, soweit sie die Beanspruchung der Wandung um
mehr als 5% erhöhen

> Beispiel: maximal zulässiger Druck PS = 2bar
>
> Bauhöhe = 5 m
>
> Beschickung : Wasser
>
> $p = 2 + 0,5 - 0,05 * 2 = 2,4$ bar

Berechnungsdruck = zulässiger Betriebsdruck	= 10 bis 20% über max. Arbeitsdruck
beidseitig druckbeaufschlagte Wand :	Berechnung für jeden Druck einzeln durchführen, nicht Druckdifferenz verwenden
Überdruck und Unterdruck an beidseitig beaufschlagte Wand :	Berechnung mit Druckdifferenz durchführen

2.2 Prüfdruck pT AD-HP30

Die Festigkeitsprüfung wird im Rahmen der Schlussprüfung in Form einer
hydrostischen Druckprüfung durchgeführt. Die am fertigen Druckgerät durchzuführende
Druckprüfung soll den Nachweis erbringen, dass die geforderte Druckfestigkeit (keine signifikanten
Undichtigkeiten oder Verformungen) erreicht wird.

(1) $pT = p * 1,43$ p = Berechnungsdruck [bar]

     oder K_{20} = Festigkeitskennwert bei 20°C [N/mm²]

(2) $pT = p * 1,25 * K_{20} / K_T$ K_T = Festigkeitskennwert bei Berechnungstemperatur [N/mm²]

Der höhere der beiden errechneten Prüfdrücke pT ist maßgebend.

Achtung : Zusätzlich der Hydrostatischer Druck p_{stat} aufgrund der Flüssigkeitssäule

p_{stat} = (Dichte * Gewichtskraft * Höhe) / 100000 p_{stat} = (y * g * h) / 100000

Dichte Prüfmedium   y : z.B. Wasser bei 20 °C : 998 kg/m³

Gewichtskraft :   g : 9,81 m/s²

Höhe   :   h in m

Hydrostatischer Druck : p_{stat} in bar

$$\underline{\text{Prüfdruck} = pT + p_{stat}}$$

2.3 Berechnungstemperatur T

Für die Auswahl des Werkstoffes und für die Festlegung des Festigkeitskennwertes

ist die höchste bei dem jeweiligen maximal zulässigen Druck (PS) zu erwartende Wandtemperatur

maßgebend. Diese ergibt sich aus der zulässigen Betriebstemperatur (entsprechend der zulässigen

maximalen Temperatur (TS) nach DGR) sowie einem Zuschlag für die Beheizungsart und wird als

Berechnungstemperatur bezeichnet. Bei unbeheizten Wandungen kann hierfür die höchste

Betriebstemperatur eingesetzt werden. Bei beheizten Wandungen kann sie in der Regel nach

Tabelle bestimmt werden; andernfalls, z. B. bei Ausmauerungen, ist sie rechnerisch oder durch Messung

nachzuweise

Berechnungstemperatur = zulässige Betriebstemperatur = 10 bis 20% über
max. Arbeitstemperaturk

Beheizungsart	Berechnungstemperatur
durch Gase, Dämpfe oder Flüssigkeiten	die höchste Temperatur des Heizmittels
Feuer-, Abgas- oder elektrische Beheizung	bei abgedeckter Wand die höchste Betriebstemperatur zuzüglich 20 K bei unmittelbar berührter Wand die höchste Betriebstemperatur zuzüglich 50 K

Bei T < 20°C ist 20°C zugrunde zu legen

2.4 Sicherheitswert S

Durch Sicherheitsbeiwerte sollen, die der Festigkeitsbetrachtung anhaftenden Unsicherheiten Berücksichtigung finden. Sie sind Faktoren, die die errechnete Abmessung eines Bauteils proportional vergrößern, d.h. den Unsicherheiten Rechnung tragen

Gegen Streck-, Dehngrenze oder Zeitstandfestigkeit

Werkstoff und Ausführung	Sicherheit S bei Berechnungstemperatur	Sicherheit S' bei Prüfdruck
Walz- und Schmiedestähle	1,5	1,05
Stahlguss	2,0	1,4
Gusseisen mit Kugelgraphit DIN EN 1563		
EN-GJS-700-2/2U EN-GJS-600-3/3U	5,0	2,5
EN-GJS-500-7/7U	4,0	2,0
EN-GJS-400-15/15U	3,5	1,7
EN-GJS-400-18/18U-LT EN-GJS-350-22/22U-LT	2,4	1,2
Aluminium Aluminiumlegierungen- Knetwerkstoffe	1,5	1,05

Gegen Zugfestigkeit

Werkstoff und Ausführung	Sicherheit S bei Berechnungstemperatur	Sicherheit S' bei Prüfdruck
Gusseisen mit Lamellengraphit (Grauguss) nach DIN EN 1561		3,5
ungeglüht	9,0	
geglüht oder emailliert	7,0	
Kupfer und Kupferlegierungen einschließlich Walz- und Gussbronze		2,5
bei nahtlosen und geschweißten Behältern	3,5	
bei gelöteten Behältern	4,0	

2.5 Zuschlag c1 zur Berücksichtigung der Wanddickenunterschreitung (Herstellungstoleranzen)

Wandstärkenunterschreitung infolge von Fertigungs- und Walztoleranzen

Ferritische Stähle	Zulässige Minustoleranzen nach Maßnorm berücksichtigen
Austenitische Stähle Nichteisenmetalle	Minustoleranzen unberücksichtigt bei Innendruckbelastung $c1 = 0$

Herstellungstoleranzen: [4]

<u>Ferritische Bleche</u>

EN 10029   Blech, Klasse A (02-2011)

<u>Ferritische und austenitische Bleche</u>
Für austenitische Bleche bis 10-2014 : bei B, C und D Differenzbildung zu Klasse A

EN 10029   Blech, Klasse B (02-2011)
EN 10029   Blech, Klasse C, Mindestwand (02-2011)
EN 10029   Blech, Klasse D, (02-2011)

<u>Austenitische Bleche, Toleranzen nach EN 10028-1 (12-2014)</u>

EN ISO 9444-2   warmgewalztes, aust. Blech, s <= 13 mm, (11-2010)
EN ISO 9444-2   warmgewalztes, aust. Blech, bestimmt zum Kaltwalzen s <= 13 mm, (11-2010)
EN ISO 9444-2   kaltgewalztes, aust. Blech, Tabelle 1, Verfahren A, s <= 8 mm, (06-2010)
EN ISO 9444-2   kaltgewalztes, aust. Blech, Tabelle 2, Verfahren B, s <= 8 mm, (06-2010)
EN ISO 18286   warmgewalztes, aust. Blech, s <= 250 mm, (11-2010)
EN 10029   Blech, Klasse B, (02-2011), EN 10028-1, Anmerkung 1

<u>Ferritische Rohre</u>

EN 10216/1-4   nahtlose warmgefertigte ferritische Rohre
EN 10217/1-6   geschweißte ferritische Rohre

<u>Austenitische Rohre</u>

EN 10216-5   warmgef. nahtl. aust. Rohre, Durchmesser > 30 mm
EN 10216-5   kaltgef. nahtl. aust. Rohre, Toleranzklasse 3
EN 10216-5   kaltgef. nahtl. aust. Rohre, Toleranzklasse 4
EN 10217-7   geschweißte aust. Rohre

2.6 Abnutzungszuschlag c2

Bei korrosiven Abtrag, z.B. bei unlegierten Baustählen, wird die Abnutzung mit dem jährlichen Korrosionsabtrag über die geplante Lebensdauer des Konstruktionsteils ermittelt.

Bei Ferritische Stähle

$c_2 = 1$ mm ohne Korrosionsschutz
$c_2 = 0$ mm wenn Se $\geq$ 30 mm
$c_2 = 0$ mm bei Korrosionsschutz
z. B. Verbleiung, Plattierung, Gummierung, Kunststoffüberzug

Bei Austenitische Stähle

$c_2 = 0$ mm

Abweichend davon ist zwischen Hersteller und Betreiber ein höherer Zuschlag c_2 zu vereinbaren, wenn die Beschickungsmittel stark korrodierend wirken oder die Behälter im späteren Betrieb im Innern nicht besichtigt werden können. Die Höhe des Zuschlages c_2 ist in diesen Fällen in der Zeichnung zu vermerken.

Bei bestimmten Korrosionseinflüssen kann es notwendig sein, neben der Verwendung geeigneter Werkstoffe und zweckentsprechender Konstruktionen die Höhe der Beanspruchung der mit den Medien in Berührung stehenden, auf Zug beanspruchten Druckbehälterwandungen zu verringern, um dadurch z. B. ein Aufreißen von Schutzschichten oder eine Spannungsrisskorrosion zu vermeiden

2.7 Faktor zur Berücksichtigung der Ausnutzung v (Scheißnahtfaktor)

Durch eine Schweißnaht kann die Wandung einer Zylinder-Schale eine Verschwächung erfahren, und zwar ist dies Verschwächung umso größer, je geringer die Güte der Naht ist.
Der Schweißnahtfaktor stellt das Verhältnis von Schweißnahtfestigkeit zu Festigkeit des ungeschwächten Bleches da.
Er bestimmt, welche Berechnungsspannung angewendet werden kann.
z. B. bei einem Faktor 1,0 geht man davon aus, dass die Schweißnaht vollwertig ist, d. h. wie der Grundwerkstoff berechnet werden kann. Dass setzt natürlich voraus, dass die Schweißnaht nicht durch irgendwelche negativen Einflüsse geschwächt wird (z. B. innere und äußere Schweißnahtfehler, innere Spannungen)
Anders ausgedrückt, die Anwendung eines Schweißnahtfaktors von 1,0 ist an bestimmte Bedingungen geknüpft z. B. 100% Prüfung auf innere und äußere Fehler.

AD2000 bietet unterschiedliche Schweißnahtfaktoren an, die der Hersteller zur Auswahl hat.
v = 1,0 oder 0,85 oder 0,7
Entscheidet er sich für einen Faktor < 1, dann wird aufgrund der geringeren Berechnungsspannung eine größere Wanddicke erforderlich sein, der Prüfaufwand wird dafür geringer.
V = 1,0 → 100% Prüfung, teuer aber → Material dünner, billiger

Schweißzusätze :

Sie müssen entsprechend den VdTÜV-Kennblättern für Schweißzusätze auf ihre Eignung hin von einer benannten Stelle für Druckbehälter überprüft sein. Legierte und Hochlegierte Stähle dürfen nur mit artgleichen Zusätzen geschweißt werden

Schweißverbindung:

z.b DIN EN ISO 9692-1 [7] , Schweißnahtvorbereitung
   DIN EN 1708-1 [8] , Schweißen – Verbindungselemente

Eine Spaltkonstruktion ist nicht zugelassen, Schweißnähte durchgeschweißt
Zweiseitig zugängliche Nähte sind in jedem Fall von beiden Seiten zu schweißen
Schweißnähte innen blecheben verschliffen, Rauhtiefe entsprechend Ausgangsblech
Für unbemaßte Kehlnähte gilt: a = 0,7 x s min > 3

Hinweis: Eingeschlossene Luft, die sich beim Schweißen erwärmt, muss durch
Entlüftungsbohrungen entweichen können

Typisches Beispiel sind a.) Pratzen mit Verstärkungsblech [DIN 28083] und
               b.) Tragösen mit Verstärkungsblech [DIN28086] die am zylindrischen Mantel
                   angeschweißt werden

a.)   b.)

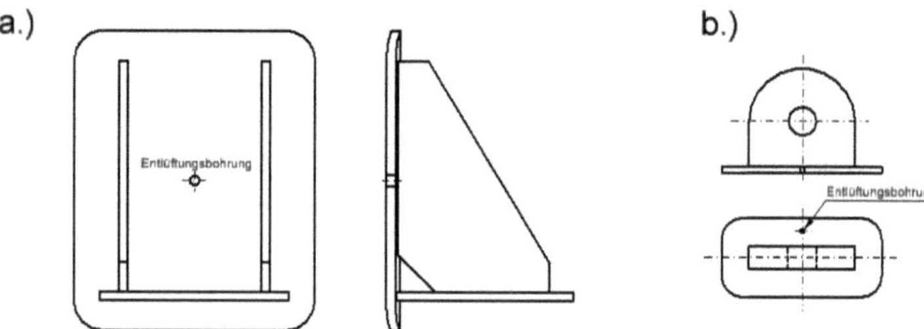

Beispiele Schweißnähte:

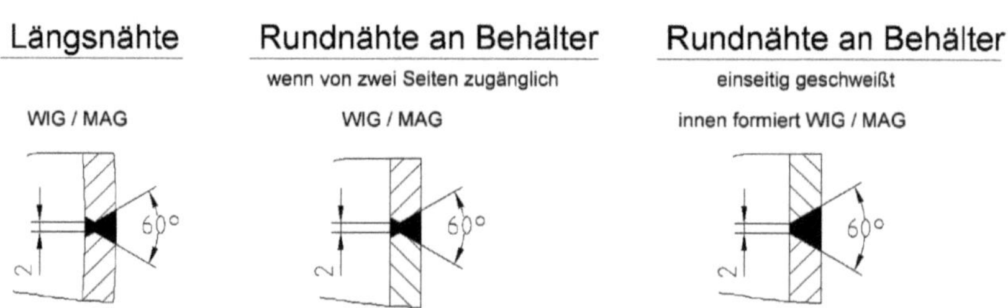

2.8 Maße für zylindrischen Druckmantel

2.8.1 Nichtrostende Stahlrohre nach DIN EN ISO 1127 [8]

Tabelle 3: Übliche Werte der längenbezogenen Masse austenitischer nichtrostender Stähle

Außendurchmesser mm Reihe			Dicke, mm																				
1	2	3	1,0	1,2	1,6	2,0	2,3	2,6	2,9	3,2	3,6	4,0	4,5	5,0	5,6	6,3	7,1	8,0	8,8	10,0	11,0	12,5	14,2
			Übliche Werte der längenbezogenen Masse, kg/m																				
	6		0,125	0,144																			
	8		0,176	0,204																			
	10		0,225	0,264																			
10,2			0,230	0,270	0,344	0,410																	
	12		0,275		0,416	0,500																	
	12,7		0,293	0,345	0,445	0,536	0,599	0,658	0,711	0,761													
13,5			0,313	0,369	0,477	0,576	0,645		0,789														
		14	0,326		0,496	0,601																	
	16		0,376	0,445	0,577	0,701																	
17,2			0,406		0,625	0,761	0,858			1,12													
		18	0,425		0,657	0,801																	
	19		0,451	0,535	0,697	0,851																	
	20		0,476	0,564	0,737	0,901																	
21,3			0,509		0,789	0,966		1,22			1,45	1,74											
		22	0,526			1,00																	
	25		0,601	0,715	0,937	1,15		1,46															

12

Tabelle 3 (fortgesetzt)

Außendurchmesser mm Reihe 1	2	3	1,0	1,2	1,6	2,0	2,3	2,6	2,9	3,2	3,6	4,0	4,5	5,0	5,6	6,3	7,1	8,0	8,8	10,0	11,0	12,5	14,2
									Dicke, mm — Übliche Werte der längenbezogenen Masse, kg/m														
		25,4		0,727	0,953	1,17		1,48															
26,9			0,649		1,01	1,25		1,58	1,75	1,90			2,29										
		30			1,14	1,40																	
	31,8			0,920	1,21	1,49		1,90		2,29			2,78										
	32			0,925		1,50																	
33,7			0,818	0,976	1,29	1,58	1,81	2,02		2,45				3,29									
		35		1,02		1,65																	
	38			1,11	1,46	1,81		2,30		2,79													
	40			1,17	1,54			2,44															
42,4					1,63	2,02		2,59		3,14	3,49			4,68									
		44,5				2,13		2,73	3,02														
48,3					1,87	2,31		2,97		3,61	4,03			5,42									
	51		1,25	1,49	1,98	2,46		3,15		3,83													
		54			2,10	2,60		3,35															
	57				2,22	2,75			3,93														
60,3					2,35	2,92	3,34	3,76	4,17	4,58	5,11	5,83				7,66							
	63,5				2,48	3,08		3,96		4,83													
	70				2,74	3,40			4,87														
76,1					2,98	3,70	4,25	4,78	5,32		6,54	7,22		8,90			12,3						

Tabelle 3 (abgeschlossen)

Übliche Werte der längenbezogenen Masse, kg/m

Außendurchmesser mm Reihe 1	Reihe 2	Reihe 3	1,0	1,2	1,6	2,0	2,3	2,6	2,9	3,2	3,6	4,0	4,5	5,0	5,6	6,3	7,1	8,0	8,8	10,0	11,0	12,5	14,2
		82,5				4,03				6,35													
88,9					3,49	4,35	4,98	5,61	6,24	6,86	7,68	8,51			11,7			16,2					
	101,6					4,98			7,17			9,77			13,5			18,8					
114,3					4,52	5,62		7,27	8,09		9,98		12,4			17,1			23,2				
139,7					5,53	6,89		8,92		11,0		13,6	16,8			21,0	23,5			32,5			
168,3					6,68	8,32		10,8		13,2		16,4	18,5	20,4			28,6				43,3		
219,1						10,9		14,1		17,3	19,4	21,5				33,6		42,2				64,7	
273						13,6		17,6		21,6	24,3	26,9				42,0				65,9		81,5	92,0
323,9								20,9		25,7		32,1	35,9	39,9			56,3			78,6		97,4	
355,6								22,9		28,2		35,2		43,8						86,5	94,9	108	
406,4								26,3		32,3		40,3		50,2						99,3		123	
457										36,3		45,4		56,5						112		139	157
508										40,4	45,5			62,9	70,4						137	155	176
610										48,6		60,7			84,8	95,2						187	112
711																	125						
813																		161					
914																			199				
1016																				252			

Tabelle 4 – Nennvolumen für Apparate ab Nenndurchmesser 600

Maße in Millimeter

Nenndurchmesser d (Spalte 1); Länge l (Kopfzeile); Werte = Nennvolumen in m³.

Nenndurchmesser d	700	800	900	1 000	1 100	1 200	1 400	1 600	1 800	2 000	2 200	2 500	2 800	3 200	3 600	4 000	4 500	5 000	5 600	6 400	7 200	8 000	9 000	10 000	11 000	12 500	14 000	16 000	18 000
600	—	0,16	—	—	0,25	—	—	—	0,4	—	—	0,63	—	—	—	—	—	—	—	—	—	—	—	—	—	—	—	—	—
700	—	—	0,25	—	—	—	0,4	—	—	0,63	—	—	—	1	1,25	—	—	—	—	—	—	—	—	—	—	—	—	—	—
800	0,25	—	—	—	0,4	—	—	0,63	—	—	—	1	1,25	—	1,6	—	2	—	—	—	—	—	—	—	—	—	—	—	—
900	—	—	0,4	—	—	—	0,63	—	—	1	—	1,25	1,6	—	2	—	2,5	—	—	—	—	—	—	—	—	—	—	—	—
1 000	—	—	—	—	—	0,63	—	—	1	1,25	—	1,6	—	2	—	2,5	—	3,2	—	—	—	—	—	—	—	—	—	—	—
1 100	—	—	—	—	—	—	1	1,25	—	1,6	—	2	—	2,5	—	3,2	—	4	—	5	—	—	—	—	—	—	—	—	—
1 200	—	—	—	—	—	1	1,25	—	1,6	—	2	—	2,5	3,2	—	4	—	5	—	6,3	—	—	—	—	—	—	—	—	—
1 400	—	—	—	—	—	—	1,6	—	2	2,5	—	3,2	—	4	—	5	—	6,3	8	—	10	—	—	—	—	—	—	—	—
1 600	—	—	—	—	—	—	—	2,5	—	3,2	—	4	—	5	—	6,3	8	—	10	—	12,5	—	16	—	—	—	—	—	—
1 800	—	—	—	—	—	—	—	—	3,2	4	—	5	—	6,3	—	8	10	—	12,5	—	16	—	20	—	—	—	—	—	—
2 000	—	—	—	—	—	—	—	—	—	—	5	6,3	—	8	—	10	—	12,5	—	16	20	—	25	—	—	—	—	—	—
2 200	—	—	—	—	—	—	—	—	—	—	—	—	8	10	—	12,5	—	16	—	20	—	25	—	32	—	40	—	—	—
2 400	—	—	—	—	—	—	—	—	—	—	—	—	—	—	12,5	—	16	—	20	25	—	32		40		50	—	—	—
2 600	—	—	—	—	—	—	—	—	—	—	—	—	—	12,5	—	16	20	—	25	—	32	—	40	—	50	—	63	—	80
2 800	—	—	—	—	—	—	—	—	—	—	—	—	—	—	16	20	—	25	—	32	—	40	50	—	63	—	—	80	100
3 000	—	—	—	—	—	—	—	—	—	—	—	—	—	—	20	—	25	—	32	—	40	50	—	63	—	—	80	100	—
3 200	—	—	—	—	—	—	—	—	—	—	—	—	—	—	—	25	—	32	—	40	50	—	63	—	—	80	100	—	—
3 600	—	—	—	—	—	—	—	—	—	—	—	—	—	—	—	—	32	—	40	50	—	63	—	80	—	100	—	—	—
4 000	—	—	—	—	—	—	—	—	—	—	—	—	—	—	—	—	—	40	50	—	63	80	—	100	—	—	—	—	—

Fettgedruckte Werte sind bevorzugt zu verwenden. Die den leeren Flächen entsprechenden Größen sind nicht genormt. Sind oberhalb des Nenndurchmessers von 1 200 andere Außendurchmesser unvermeidbar, so sollen Maße in einer Stufung von 100 mm angewendet werden.

Das Volumen ist wegen der Aufrundung der Längen je nach Bodenform und Wanddicke größer als das Nennvolumen. Wird bei großen Wanddicken das Volumen kleiner, so sind trotzdem die Hauptmaße dem Nennvolumen entsprechend zu wählen.

15

3. Werkstoffe für zylindrischen Druckmantel

3.1 Erzeugnisformen

Blech	Ferrit	AD W1	DIN 17100
			DIN 17155
			DIN 17102D
			DIN 17280
			VdTÜV 401/1
Blech, warmgewalzt	Ferrit	AD W2	DIN EN 10028-7
Beispiele : RSt 37-2, St 44-2, HI, HII, WStE 255			

Blech	Austenit	AD W2	DIN 17440
			DIN EN 10028-7
			VdTÜV 411
Blech, warmgewalzt	Austenit	AD W2	DIN EN 10028-7
Beispiele : 1.4301, 1.4541, 1.4307, 1.4404, 1.4571			

Rohr, geschweißt	Ferrit	AD W10	DIN 17174
Rohr, geschweißt	Ferrit	AD W4	DIN 17177
			DIN 1626
			DIN EN 10208-2
			DIN EN 10217-1/-2
Beispiele : RSt 37-2, St 44-2, HI, HII, WStE 255			

Rohr, geschweißt	Austenit	AD W2	DIN 17457
			SEW 400
			DIN EN 10217-7
Beispiele : 1.4301, 1.4541, 1.4307, 1.4404, 1.4571			

3.2 Prüfbescheinigung nach DIN EN 10204

Die Güteeigenschaften der Werkstoffe für druckbeanspruchte Teile sind nach AD2000, Reihe W nachzuweisen, Dokumentation (Abnahmeprüfzeugnisse) nach DIN EN 10204 [7]

Prüfbescheinigung nach DIN EN 10204				
Art	Bezeichnung	Inhalt	Prüfungsart	Bestätigung der Bescheinigung durch
2.1	Werksbescheinigung *Declaration of compliance with the order Attestation de conformité à la commande*	Bestätigung der Über-einstimmung mit der Bestellung	Nicht spezifisch	den Hersteller
2.2	Werkszeugnis *Test report Relevé de contrôle*	Bestätigung der Übereinstimmung mit der Bestellung unter Angabe von Ergebnissen nichts-pezifischer Prüfung	Nicht Spezifisch	den Hersteller
3.1	Abnahmeprüfzeugnis 3.1 *Inspection certificate 3.1 Certifikat de reception 3.1*	Bestätigung der Übereinstimmung mit der Bestellung unter Angabe von Ergebnissen spezifischer Prüfung	Spezifisch	den von der Fertigungsabteilung unabhängigen Abnahmebeauf-tragten des Herstellers
'3.2	Abnahmeprüfzeugnis 3.2 *Inspectionscertificate 3.2 Certifikat de reception 3.2*	Bestätigung der Übereinstimmung mit der Bestellung unter Angabe von Ergebnissen spezifischer Prüfung	Spezifisch	den von der Fertigungsabteilung unabhängigen Abnahmebeauf-tragten des Herstellers und den vom Besteller beauftragten Abnahmebeauftragte oder den in den amtlichen Vorschriften genannten Abnahmebeauftragten

Prüfbescheinigungen auf der Grundlage nichtspezifischer Prüfung

Werksbescheinigung .2.1.

Bescheinigung, in der der Hersteller bestätigt, dass die gelieferten Erzeugnisse den Anforderungen der Bestellung entsprechen, ohne Angabe von Prüfergebnissen.

Werkszeugnis .2.2.

Bescheinigung, in welcher der Hersteller bestätigt, dass die gelieferten Erzeugnisse den Anforderungen der Bestellung entsprechen, mit Angabe von Ergebnissen nichtspezifischer Prüfungen.

Prüfbescheinigungen auf der Grundlage spezifischer Prüfung

Abnahmeprüfzeugnis .3.1.

Bescheinigung, herausgegeben vom Hersteller, in der er bestätigt, dass die gelieferten Erzeugnisse die
in der Bestellung festgelegten Anforderungen erfüllen, mit Angabe der Prüfergebnisse.
Die Prüfeinheit und die Durchführung der Prüfung sind in der Erzeugnisspezifikation, den amtlichen
Vorschriften und Technischen Regeln und/oder der Bestellung festgelegt.
Die Bescheinigung wird bestätigt von einem von der Fertigungsabteilung unabhängigen
Abnahmebeauftragten des Herstellers.
Ein Hersteller darf in das Abnahmeprüfzeugnis 3.1 Prüfergebnisse übernehmen, die auf der Grundlage
spezifischer Prüfung des von ihm verwendeten Vormaterials bzw. der Vorerzeugnisse ermittelt wurden
unter der Voraussetzung, dass er Verfahren zur Sicherstellung der Rückverfolgbarkeit anwendet und die
entsprechende Prüfbescheinigung vorlegen kann.

Abnahmeprüfzeugnis .3.2.

Bescheinigung, in der sowohl von einem von der Fertigungsabteilung unabhängigen Abnahmebeauftragten
des Herstellers als auch von dem Abnahmebeauftragten des Bestellers oder dem in den amtlichen
Vorschriften genannten Abnahmebeauftragten bestätigt wird, dass die gelieferten Erzeugnisse die in der
Bestellung festgelegten Anforderungen erfüllen, mit Angabe der Prüfergebnisse. Ein Hersteller darf in das
Abnahmeprüfzeugnis 3.2 Prüfergebnisse übernehmen, die auf der Grundlage spezifischer Prüfung des von
ihm verwendeten Vormaterials bzw. der Vorerzeugnisse ermittelt wurden unter der Voraussetzung, dass er
Verfahren zur Sicherstellung der Rückverfolgbarkeit anwendet und die entsprechende Prüfbescheinigung
vorlegen kann.

Bestätigung und Weitergabe der Prüfbescheinigungen

Die Prüfbescheinigungen müssen von der (den) verantwortlichen Person (Personen) bestätigt sein (Name und
Dienststellung).
Die Aufbewahrung und Weitergabe von Prüfbescheinigungen müssen entweder auf elektronischem Wege
oder in Papierform erfolgen.

Weitergabe von Prüfbescheinigungen durch einen Händler

Ein Händler darf nur Originale oder Kopien der vom Hersteller gelieferten Prüfbescheinigungen ohne
irgendeine Veränderung weitergeben. Diesen Bescheinigungen muss ein geeignetes Mittel zur Identifizierung
des Erzeugnisses beigefügt werden, damit die eindeutige Zuordnung von Erzeugnis und Bescheinigung
sichergestellt ist. Kopien der Originalbescheinigung sind zulässig unter der Voraussetzung, dass

Tafel 2a. Nachweis der Güteeigenschaften für Bänder und Bleche nach Tafel 1a

Stahlsorte		Art der Prüfbescheinigung nach DIN EN 10204							
Kurzname	Werkstoff-Nr.	Dicke mm	Dicke mm	Dicke mm		Dicke[2] mm	Dicke[2] mm	Dicke[2] mm	
Erzeugnisform[1]		C	H	P		C	H	P	
Standardgüten									
X2CrNiN18-7	1.4318	≤ 6	≤ 12	≤ 30		–	–	> 30	
X2CrNi18-9	1.4307	≤ 6	≤ 12	≤ 30		–	–	> 30	
X2CrNi19-11	1.4306	≤ 6	≤ 12	≤ 30		–	–	> 30	
X2CrNiN18-10	1.4311	≤ 6	≤ 12	≤ 30		–	–	> 30	
X5CrNi18-10	1.4301	≤ 6	≤ 12	≤ 30		–	–	> 30	
X5CrNiN19-9	1.4315	≤ 6	≤ 12	≤ 30		–	–	> 30	
X6CrNi18-10	1.4948	≤ 6	≤ 12	≤ 30		–	–	> 30	
X6CrNi23-13	1.4950	≤ 6	≤ 12	≤ 30		–	–	> 30	
X6CrNi25-20	1.4951	≤ 6	≤ 12	≤ 30		–	–	> 30	
X6CrNiTi18-10	1.4541	≤ 6	≤ 12	≤ 30		–	–	> 30	
X6CrNiTiB18-10	1.4941	≤ 6	≤ 12	≤ 30		–	–	> 30	
X2CrNiMo17-12-2	1.4404	≤ 6	≤ 12	≤ 30	3.1	–	–	> 30	3.2
X2CrNiMoN17-11-2	1.4406	≤ 6	≤ 12	≤ 30		–	–	> 30	
X5CrNiMo17-12-2	1.4401	≤ 6	≤ 12	≤ 30		–	–	> 30	
X6CrNiMoTi17-12-2	1.4571	≤ 6	≤ 12	≤ 30		–	–	> 30	
X2CrNiMo17-12-3	1.4432	≤ 6	≤ 12	≤ 30		–	–	> 30	
X2CrNiMo18-14-3	1.4435	≤ 6	≤ 12	≤ 30		–	–	> 30	
X2CrNiMoN17-13-5[3]	1.4439	≤ 6	≤ 12	≤ 30		–	–	> 30	
X4NiCrMoCuNb20-18-2[4]	1.4505	≤ 6	≤ 12	≤ 30		–	–	> 30	
X1NiCrMoCuN25-20-5[3]	1.4539	≤ 6	≤ 12	≤ 30		–	–	> 30	
X3CrNiMoTi25-25[4]	1.4577	≤ 6	≤ 12	≤ 30		–	–	> 30	
X5NiCrAlTi31-20/(+RA)[4]	1.4958 (+RA)	–	–	–		–	–	5)	
X8NiCrAlTi32-21[4]	1.4959	–	–	–		–	–	5)	
X3CrNiMoBN17-13-3[4]	1.4910	–	–	–		–	–	5)	

[1] C = kaltgewalztes Band, H = warmgewalztes Band, P = warmgewalztes Blech
[2] Bei Überschreitung der in den DIN EN-Normen angegebenen max. Dicke ist eine Eignungsfeststellung/Einzelgutachten gemäß AD 2000-Merkblatt W 0 erforderlich.
[3] In Verbindung mit den VdTÜV-Werkstoffblättern 405 oder 421
[4] In Verbindung mit dem Nachweis der Fertigungssicherheit gemäß AD 2000-Merkblatt W 0 (sonst 3.2/Einzelgutachten)
[5] Bis maximale Dicke gemäß DIN EN-Norm

3.3 Werkstoff-Festigkeitskennwerte

Für die Berechnung (K   Festigkeitskennwert bei Berechnungstemperatur [N/mm²]) werden folgende temperaturabhängige Werkstoffkennwerte zu Grunde gelegte:

für **austenitische** Werkstoffe   : K = Rp1,0   (N/mm²)

und für **ferritische** Werkstoffe   : K = Rp0,2   (N/mm²)

Liegen keine Gewährleistungswerte vor, ist K = Rm zu berücksichtigen

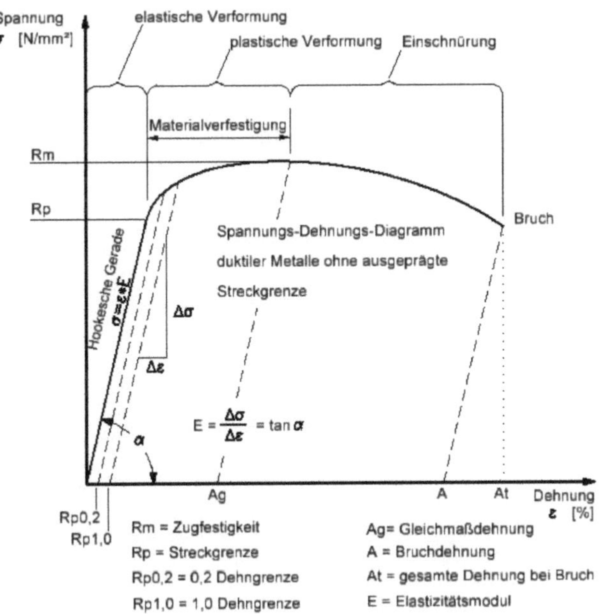

Spannungs-Dehnungs-Diagramm

Das Ergebnis des Zugversuchs kann innerhalb eines Spannungs-Dehnungs-Diagramms veranschaulicht werden.

Es dient hauptsächlich der Charakterisierung eines Materials hinsichtlich Festigkeit, Plastizität und Elastizität.

Jeder Werkstoff hat ein anderes Spannungs-Dehnungs-Diagramm. Manche Werkstoffe

besitzen keine Streckgrenze, d.h. es erfolgt ein kontinuierlicher Übergang zwischen

dem elastischen und dem plastischen Bereich.

- einen linear-elastischen Bereich → Dehnung verläuft proportional zur Spannung und ist reversibel;

- einen nichtlinear-elastischen Bereich → Dehnung verläuft nicht proportional zur Spannung, ist aber reversibel;
- einen plastischen Bereich → Dehnung ist nicht reversibel und Verformung bleibt auch nach Entlastung bestehen.

Diese haben dann beispielsweise eine Dehngrenze ($R_{p0,2}$, $R_{p1,0}$) innerhalb des plastischen Bereichs. Eine Dehngrenze von $R_{p0,2}$ beispielsweise bedeutet, dass nach der Wegnahme der Belastung eine Dehnung des Werkstoffes von 0,2% bestehen bleibt.

Prinzipiell gibt es zwei mögliche Prozesse der plastischen Verformung

- sie verformen sich biegsam, dann werden sie *duktil* genannt - [Edelstahl]
  Duktil oder Duktilität (abgeleitet vom lateinisch ducere, dt. ziehen, führen, leiten) ist die Eigenschaft eines Werkstoffs, sich unter Belastung plastisch zu verformen, bevor er versagt.

- sie verformen sich spröde und zerbersten, dann nennt man sie brüchig. – [Guss, Kunststoffe]

Bei nicht artgleich geschweißten Verbindungen sind die Festigkeitskennwerte des Schweißgutes

dann der Berechnung zugrunde zu legen, wenn sie niedriger sind als die des Grundwerkstoffes.

temperaturabhängige Werkstoffkenwerte am Beispiel von :

Blech, warmgewalzt, austenitisch, 1.4301, DIN EN 10028-7 [13]

	20 °C	100 °C	200°C	300°C
$R_{p1,0}$	250 N/mm²	191 N/mm²	157 N/mm²	135 N/mm²

Die Bleche sind spezifiziert nach den Toleranzen der DIN EN 10029, 10051 und 10048

Der Abmessungsbereich dieser Bleche erstreckt sich über eine Stärke

von 3 mm bis 150 mm und bis zu einer Breite von 3.700 mm

Die Bleche können in Klein-, Mittel-, Groß- sowie in Sonderformaten bestellt werden.

Blech, warmgewalzt, gebeizte Oberfläche 1D (C2/IIa) DIN EN 10088-2 und DIN EN 10028-7

Tol. DIN EN 10051 und DIN EN 10029

APZ EN 10204/ 3.1, teilw. AD W 20

Rohr, geschweißt, austenitisch, 1.4571, DIN EN 10217-7 [14]

	20 °C	100 °C	200°C	300°C
Rp1,0	245 N/mm²	218 N/mm²	196 N/mm²	175 N/mm²

Für die Verlegung der Rohrleitung / Druckgeräte sind nur Hersteller zugelassen, die von

anerkannter Stelle nach AD 2000-HP100R überprüft worden

Geschweißte Rohre, kalibr. oder nicht kalibriert ,DIN EN ISO 1127,

gebeizt n. Verfahren 1   IGR-GT 87-0417

Lieferzustand W2A oder W2Ab oder blankgeglüht,   Lieferzustand W2R oder W2Rb

Toleranzklasse D3-T3 ,   Prüfkategorie TC2,   Max. Wurzeldurchhang 0,15mm

Werkstoffe nach AD-2000 Regelwerk:

WNr 1.4404, 1.4435 oder 1.4571,

Technische Lieferbedingungen DIN EN 10217-7

Streckgrenze (Rp 0,2) max. 350 N/mm2, m. fortlaufender Kennzeichnung (alle 300mm)

Das AD-2000-Merkbl. W2/W10 ist einzuhalten! mit Abnahmeprüfzeugnis DIN EN 10204-3.1

3.4 Oberflächenbehandlung nach dem Schweißen [15]

Die Behandlung von Metallen kann in vielen Industriezweigen zwingend notwendig sein. Es ist kein neues

Verfahren, denn es wurde bereits angewandt, als die Menschen vor 4000 v. Chr. damit anfingen, Gold zu

dekorativen Zwecken zu verwenden.

Heute kann das Ändern der Oberflächeneigenschaften von Metallen aus mehreren Gründen

erforderlich sein. Die Oberflächenbehandlung von Metallen wird unter anderem zu folgenden Zwecken

durchgeführt:

- Dekoration und/oder Reflexionsvermögen
- Verbesserte Härtung (z. B. um Beschädigung und Abrieb entgegenzuwirken)
- Verbesserte Korrosionsbeständigkeit

Die Behandlung von Metalloberflächen ist ein sehr wichtiger Faktor für die Verlängerung

der Lebensdauer von Metallen, beispielsweise bei Karosserieteilen und Baustoffen.

Bei Anwendung mechanischer Verfahren zur Entfernung von Anlauffarben und Zunder ist eine

Oberflächenvorbehandlung nicht erforderlich.

Bei chemischen Verfahren müssen die eine gleichmäßige Benetzung der Oberfläche behindernden

Stoffe wie Öl, Fett, Klebstoff, Farbe durch eine entsprechende Vorbehandlung entfernt werden.

3.4.1 austenitische, ferritische Werkstoffe

Austenitische Werkstoffe überziehen sich bereits unter Einfluss des Luftsauerstoffs mit einer nicht
sichtbaren Schutzschicht, der Passivschicht. Oxidschichten, Zunder, Anlauffarben und
Schweißschlackenreste, wie sie beim Glühen oder Schweißen entstehen, sind keine Passivschichten.
Sie können die chemische Beständigkeit des Stahles herabsetzen und müssen deshalb entfernt werden.
Dies kann mechanisch durch Bürsten, Schleifen, Strahlen oder chemisch durch Beizen erfolgen.
Je nach Anforderung kann die Oberflächen-, insbesondere die Beizbehandlung auch auf nicht geschweißte
Oberflächen angewendet werden. Die Ausführungen sind dann sinngemäß zu übertragen.

Für Flüssigkeiten und Gase:

Oberflächenbehandlung, Beizen der Niro-Teile nach IGR Guideline Technik 87-0417
Innen: Verfahren 3, abtragenden Beizen - Abtrag 3 bis 5 µm
Außen: Verfahren 1, Reinigendes Beizen, am Ende keine sichtbaren Anlauffarben mehr vorhanden

Für Feststoffe:

Oberflächenbehandlung, Beizen der Niro-Teile nach IGR Guideline Technik 87-0417
Innen u. Außen: Verfahren 1, Reinigendes Beizen, am Ende keine sichtbaren Anlauffarben mehr vorhanden
Anlauffarben entstehen bei hoher Wärmeinwirkung z.B. Schweißen, dadurch nimmt die Dicke der eigentlich
nicht sichtbare Transparente Passivschicht zu. Dabei wandert Chrom an die Stahloberfläche da es leichter
oxidiert als Eisen. Dadurch entsteht eine Chrom verarmte Schicht, die nicht mehr die
Korrosionsbeständigkeit hat wie das Ausgangsmaterial.

Edelstahl aus unterschiedlichen Gefügebestandteilen weisen beim Beizen unterschiedliche Reaktionen auf.
Edelstahlsorten aus Martensit neigen im gehärteten und vergüteten Zustand zu Wasserstoffrissen und sollten
deshalb nur mit Vorsicht gebeizt werden. Ferritische Werkstoffe neigen wegen der geringen
Korrosionsbeständigkeit zum Überbeizen. Deshalb sollten bei diesen Werkstoffen im Gegensatz
zu Austeniten mildere Beizen verwendet werden.

Hinweis: Entlüftungsbohrungen vor dem beizen dicht verschließen und nach dem beizen öffnen !
Damit wird verhindert, dass Beizmittel durch die Bohrungen in den „Hohlraum" gelangt. Dies würde zu einem
Korrosionsangriff im Inneren des „Hohlraum" führen

3.4.2 Stahlflächen

Die Stahl- Oberfläche muss so vorbereitet werden, dass die Grundbeschichtung ausreichend haftet

Oberflächenvorbereitungsgrade

Vorbereitungsgrad	Verfahren	Beschreibung
SA 1		Lose Walzhaut, Zunder, Rost, Beschichtungen und artfremde Verunreinigungen sind entfernt
SA 2		Nahezu alle W, Z, R, B, V sind entfernt
SA 2 1/2	Strahlen	W, Z, R, B, V sind entfernt. Verbleibende Spuren sind allenfalls als leichte, fleckige oder streifige Schattierungen zuerkennen.
SA 3		W, Z, R, B, V sind entfernt. Die Oberfläche muss ein einheitliches metallisches Aussehen besitzen.

Aus DIN 55928 SA 2 ½ :

Die Oberfläche ist definiert als frei von jeglichem Öl, Fett, Schmutz, Zunder, Rost, Korrosion, Oxiden, Farbe und sonstigen Fremdkörpern.
Nur leichte Spuren oder Verfärbungen durch Rost oder Zunder und leichte, festhaftende Rückstände von Farbe oder Beschichtung dürfen verbleiben.
Mindestens 05 % eines jeden Quadratzolls sollen frei von sichtbaren Rückständen sein und diese sollen auf nur leichte Verfärbungen, Flecken oder geringe Reste der genannten Substanzen beschränkt bleiben.

Grundierung :   z.b SikaCor® Zinc R Plus   Entanstrich : RAL …

4. BESTELLSPEZIFIKATION vom Kunde

Hiermit bestellen wir ein Druckbehälter mit folgender Spezifikation:

1 Stück

DME-Vorlagebehälter (VFL = 50 m³), mit den Hauptabmessungen nach
unserer Zeichnung 10 19 1 825 0125

Druckbehälter-Nr: 170000222, unsere App.- Nr. B 145

für Fluide Gruppe 1 mit gasförmigen Bestandteilen, einwandig, als Druckgerät nach
Druckgeräterichtlinie 2014 /68/EU, Kategorie IV   und Berechnung, Fertigung, Prüfung
usw. nach AD2000 mit Pratzen für oberirdische Aufstellung im   Freien (Region Rhein-Main)

BETRIEBSDATEN ZUM BESTIMMUNGSGEMÄSSEN BETRIEB

max. zul. Betriebsdruck: + 10 / -1 bar
max. zul. Betriebstemperatur: + 150/ -40 Grad C

AUFSTELLUNGSORT: Im Gebäude

ANGABEN ZUM MEDIUM

Dichte des Mediums: ca. 1200 kg/m³
Wassergefährdungsklasse: bis max. WGK 3
Ex-Zonen: Im Behälter Zone 1,
                             Außerhalb des Behälters Zone 2
Gefahrenklasse nach VbF: B, AI bis AIII

ANGABEN ZUR AUSFÜHRUNG

Flanschbohrungen achsfrei angeordnet;
Für die Anordnung und Anzahl der Stutzen, Pratzen und Anbauten ist der Grundriss maßgeblich!
Nennweiten entsprechen unserer Stutzentabelle !
Stutzenlängen: die bauseitige Dämmung von ca. 120 mm   ist zu berücksichtigen.
Der zulässige Füllungsgrad wird auf 100 % festgelegt
Dichtflächen, die zu bearbeiten sind werden mit der Rauhtiefe Ra = 6,3 bis 12,5 µm ausgeführt

SCHWEISSBNAHTBEARBEITUNG

Verschleifen von Schweißnähten:
Behälter Innen: Beim Schleifen der Schweißnähte ist die
Oberflächenrauhigkeit von Ra < 3,2 nur bei den Rundnähten (Mantel, Klöpperboden) zu erreichen.

NACHARBEITEN IM INNENRAUM DES BEHÄLTERS:

Grundsätzlich ist beim Nacharbeiten im Inneren des Behälters die Oberflächenrauhigkeit von Ra < **3,2** durch Schleifen zu erreichen! (wie z. B. Unebenheiten Bleche, entfernen von angeschweißten Hilfseinrichtungen, etc.)

Am Behälter angeschweißte Bauteile sind in Edelstahl auszuführen

WERKSTOFFE:

Erfahrungen für Werkstoffeignungen nach DIN 6601 liegen dem Betreiber vor (Betreibernachweis)

Produktberührte Teile: 1.4571

Hauptflansche: 1.4571

Mannlochflansche: 1.4571

Schwenkvorrichtung Mannloch: 1.4571

Pratzen: 1.4571

Nicht produktberührte Teile: 1.4571

Schrauben/Muttern: Festigkeitsklasse 70

Dichtungen: Sigraflex Hochdruck, Dichtungskennwert L=0,1

OBERFLÄCHENBEHANDLUNG

Stahlteile: Entrostung SA 2½, Zinkstaub, Endanstrich RAL 5010

Edelstahlteile: Beizen der Niro-Teile nach IGR 87-0417,

                     Innen: Verfahren 3, Abtrag 3 – 5 µm

                     Außen: Verfahren 1

AUSFÜHRUNG

Druckbehälter: stehend nach DIN 28021/DIN 28022

Stutzen für nichtrostende Stähle nach DIN 28025 (PN 10 bis PN 40)

Gewölbte Böden: Klöpperform nach DIN 28011

4 Pratzen nach DIN 28083 vorgesehen für Dämmung, Nenngröße wird vom Hersteller festgelegt

Tragösen nach DIN 28086, Nachfahrösen sind für den Transport/Montage zu berücksichtigen.

Mannlöcher mit Schwenkvorrichtung am oberen Klöpperboden und zyl. Mantel: nach DIN 28124 entsprechend Betriebsbedingungen mit den Angaben zur Dichtfläche

HAUPTABMESSUNGEN

Außendurchmesser: 3200 mm

Höhe, zw. den Böden: 7200 mm

Wanddicken Boden, oben: ...... mm,

Wanddicken Boden, unten: ...... mm,

Wanddicken Mantel: ..... mm,

Gewicht: ...... kg,

Volumen (VFL):   .... l,

ANFORDERUNGEN

Behälter für Fluide der Gruppe I, Druckgeräterichtlinie 2014 /68/EU (DGRL)
Berechnung und Herstellung gemäß Regelwerk AD 2000 und den darin enthaltenen Regeln und
Richtlinien, ergänzt durch die nicht eingearbeiteten technisch nationalen Regeln
(z. B. TRB, VdTÜV, ...).
Grundlage für die Berechnung sind die Angaben zu den Betriebsdaten Statik mit
Standsicherheitsnachweis ist zu erbringen.
TA- Luft Nachweis der Flanschverbindungen

QUALITÄTSSICHERUNG UND KONFORMITÄTSBEWERTUNG

EG-Einzelprüfung nach Modul G incl. TÜV-Entwurfsprüfung und Schlussprüfung

PRÜFUNGEN/ZULASSUNGEN

Die Zulassung für das Personal sowie für das Herstellverfahren von Druckgeräten nach dem
Regelwerk AD 2000 muss von einer benannten Stelle vorliegen.

Zerstörungsfreie Prüfungen bei Druckgeräten der Kategorie III und IV dürfen nur von qualifiziertem
Personal, für die Bescheinigung von der benannten Stelle vorliegt, durchgeführt werden.
Für andere Druckgeräte liegt die Zertifizierung nach DIN EN 473 vor.
Bau- und Fertigungsüberwachung werden von uns veranlasst und von der technischen
Qualitätssicherung durchgeführt.
Die Vor- Bau- und Endprüfung erfolgt durch eine benannte Stelle. Diese werden vom Hersteller
veranlasst und sind im Lieferumfang enthalten.

DOKUMENTATION

von benannter Stelle geprüfte Behälterberechnung und Standsicherheitsnachweis, mit den
dazugehörigen Fertigungszeichnung mit Stückliste
Bescheinigung der zerstörungsfreien Werkstoff- und Druckprüfung
Konformitätserklärung entspr. Anhang VII der Richtlinie 2014 /68/EU
von benannter Stelle geprüfte Festlegung bzw. Werkstoffprüfzeugnisse und Dokumentation
nach AD 2000, EN 10 204
Gefahrenanalyse nach Anhang I Nr.3 - DGRL
Fertigungszeichnung mit Angaben zum Schweißverfahren und zugehörigen Stücklisten
Dokumentation der bei der Fertigung durchgeführten Reparaturen
Technische Anleitung für Einbau, Inbetriebnahme und Instandhaltung

5. Berechnung

Aus der Bestellspezifikation vom Kunde können wir folgende Daten entnehmen:

Berechnungsdruck	p = 10 bar
Berechnungstemperatur	T = 150°C
Außendurchmesser	Da 3200 mm
Werkstoff	1.4571

Ermittlung der Werkstoffkennwerte aus [4]

1.4571, Blech warmgewalzt, DIN EN 10028-7, AD W 2 , Austenit

$K = Rp_{1,0}\,[150°C] = 206$ N/mm²

$Rp_{1,0}\,[20°C] = 260$ N/mm²

Sicherheitswert	nach Kap.2.4	S = 1,5
Herstellungstoleranz	nach Kap.2.5	EN 10029, Klasse B, $c1$ = 0,20 mm
Abnutzungszuschlag	nach Kap.2.6	$c2$ = 0 mm
Schweißnahtfaktor	nach Kap.2.7	gewählt v = 0,85

Formel aus Kap.1.5 (2)

$$s = \frac{D_a * p}{20 * \dfrac{K}{S} * v + p} + c_1 + c_2 \qquad s = \frac{3200mm * 10bar}{20 * \dfrac{206 N/mm^2}{1,5} * 0,85 + 10\,bar} + 0,2mm$$

$$s = \frac{32000}{2344,66} + 0,2mm \qquad s = 13,84\,mm$$

Gewählte Blechstärke: 18 mm

Erklärung : Da der zylindrische Mantel zum späteren Zeitpunkt noch ein Ausschnitt nach AD-B9 bekommt, und Ausschnitte Einfluss auf Wandstärken haben, wurde vorab hier eine Wandstärke von 18 mm gewählt

Ermittlung der Blechmaße:

Die Höhe des Bleches ergibt sich aus der

Bestellspezifikation

(–Höhe, zw. den Böden: 7200 mm–)

Ein Klöpperboden Da = 3200 mm nach

DIN 28011 hat eine Höhe von ca. 717,5 mm

Daraus ergibt sich ein zylindrische

Mantelhöhe von 5765 mm

Blechmaße:

Es werden 3 geschweißte Mantelschüsse

aus Blech, warmgewalzt bestellt

2 Stück   Ø 3200 x 18 x 2000
1 Stück   Ø3200 x 18 x 1765

Beim Zusammenschweißen der Mantelschüsse

ist darauf zu achten das die Längsnähte zueinander ein

VERSATZ haben

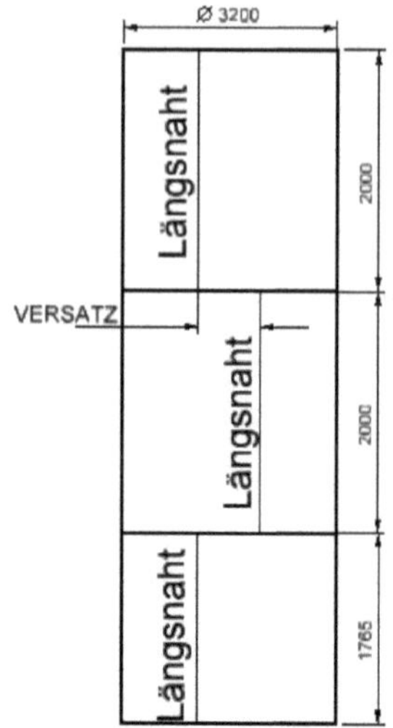

Anordnung der Schüsse

Aus AD-HP1 Kap.2.7 :

Anhäufungen von Schweißnähten und Kreuzungsstöße sind zu vermeiden. Diese Anforderungen
gelten als erfüllt, wenn die nachfolgenden Regelungen beachtet werden: Bei mehrschüssigen
Bauteilen sind die Längsnähte gegeneinander versetzt anzuordnen.
Der Nahtversatz $e1$ soll hierbei mindestens die 3-fache Nennwanddicke s,
jedoch nicht kleiner als 100 mm sein

Der Mindestabstand $e2$ zwischen benachbarten, nicht miteinander verbundenen
Stumpfnähten, z. B. Rund-, Längs-, Meridian-, Sehnen-, Kreisringnähte, muss entsprechen,

$$e2 = 2{,}5 * \sqrt{Da * s}$$

jedoch mindestens 50 mm bei Nennwanddicken bis 8 mm und
mindestens 100 mm bei Nennwanddicken über 8 mm

Abnahmeprüfzeugnis nach DIN EN 10204 [7]   aus Kap.3.2   Tabelle 2a   AD W2 :   APZ 3.1

Prüfdruck für den zylindrischen Mantel nach Kap. 2.2

Berechnungsdruck: 10 bar

$Rp_{1,0}$ [150°C] = 206 N/mm²

$Rp_{1,0}$ [20°C] = 260 N/mm²

max. Füllstandshöhe = 7200 mm = 7,2 m

(1) pT = p * 1,43	pT = 10 bar *1,43	pT = 14,3 bar
(2) pT = p *1,25* K_{20} / K_{150}	pT = 10 bar *1,25* 260N/mm²/206N/mm²	pT = 15,78 bar

Der höhere der beiden errechneten Prüfdrücke pT ist maßgebend

Hydrostatischer Druck:

p_{stat} = (y * g * h) / 100000   stehender Behälter im Betrieb und bei der Druckprüfung

y = 998 kg/m³   Dichte Wasser bei 20°

sofern das Betriebsmedium ein höheres spezifisches Gewicht als das Prüfmedium hat
ist mit der Dichte des Betriebsnedium zu rechnen

Aus der Bestellspezifikation vom Kunde
y = 1200 kg/m³

g = 9,81 m/s²

h = 7,2 m

Druck aus statischer Flüssigkeitssäule: p_{stat} = 0,84 bar

Prüfdruck : pT + 0,84 bar = 15,78 bar + 0,84bar

Ergebnis ->   Prüfdruck : 16,62 bar

6. Literatur

[1]   AD 2000 Merkblatt
      Berechnung von Druckbehältern B0 Fassung 01.2015

[2]   AD 2000 Merkblatt
      Zylinder- und Kugelschalen unter innerem Überdruck B1 Fassung 02.2001

[3]   AD 2000 Merkblatt
      Austenitische und austenitisch-ferritische Stähle W2   Stand: Juli 2006

[4]   Dimy Win Rev. 13.7 , 25.07.2013, Berechnungssoftware TÜV Hessen
      64285 Darmstadt

[5]   Festigkeitsberechnung im Dampfkessel-, Behälter – und Rohrleitungsbau,
      5. Auflage, Springer Verlag

[6]   Was tun ? Befähigte Personen für Druckbehäter und Rohrleitungen
      Von Rudolf Weinzierl und Ulrich Münter, TÜV SÜD Akademie GmbH

[7]   Prüfbescheinigungen , Anwendung von DIN EN 10204
      2. Auflage, Beuth Verlag GmbH

[8]   DIN ISO 1127 Nichtrostende Stahlrohre; Maße, Grenzmaße
      Stand : März 1997

[9]   DIN 28105 Chemische Apparate und Behälter mit zwei gewölbten Böden
      Begriffe, Nennvolumen, Nenndurchmesser, Hauptmaße   Stand: April 2002

[10] DIN EN ISO 9692-1 Schweißen und verwandte Prozesse , Arten der
      Schweißnahtvorbereitung, Teil 1   Stand : 2013

[11] DIN EN 1708-1   Schweißen – Verbindungselemente beim Schweißen von Stahl
      Teil 1 . Druckbeanspruchte Bauteile   Stand : Mai 2010

[12] DIN EN 10204 :2005-01
      Metallische Erzeugnisse - Arten von Prüfbescheinigungen;
      Deutsche Fassung EN 10204:2004

[13] DIN EN 10028-7 Flacherzeugnisse aus Druckbehälterstählen
      Teil 7: Nichtrostende Stähle

[14] DIN EN 10217-7 Geschweißte Stahlrohre für Druckbeanspruchungen
      Technische Lieferbedingungen,   Teil 7: Rohre aus nichtrostenden Stählen;

[15] IGR 87-0417 Oberflächenbehandlung von nichtrostenden,
      austenitischen Stählen nach dem Schweißen

WEITERFÜHRENDE LINKS

Formelsammlung und Berechnungen   https://www.schweizer-fn.de

Software: DGRL 2014/68/EU & BetrSichV   https://www.digistore24.com/product/428322